法国经典科学探索实验书

玩转地球

法国阿尔班·米歇尔少儿出版社 / 著·绘

欧 瑜 / 译

中信出版集团 · 北京

图书在版编目（CIP）数据

玩转地球 / 法国阿尔班·米歇尔少儿出版社著绘；
欧瑜译 . -- 北京：中信出版社，2018.9
ISBN 978-7-5086-8238-9

Ⅰ. ①玩… Ⅱ. ①法… ②欧… Ⅲ. ①地球科学 - 少
儿读物 Ⅳ. ① P-49

中国版本图书馆 CIP 数据核字 (2017) 第 253068 号

Les expériences-clés des Petits Débrouillards –La Terre
© 2015, Albin Michel Jeunesse
Simplified Chinese edition arranged by Ye Zhang Agency
Simplified Chinese translation copyright © 2018 by CITIC Press Corporation
ALL RIGHTS RESERVED.
本书仅限中国大陆地区发行销售

玩转地球

著　绘　者：法国阿尔班·米歇尔少儿出版社
译　　　者：欧　瑜
出版发行：中信出版集团股份有限公司
　　　　　（北京市朝阳区惠新东街甲 4 号富盛大厦 2 座　邮编　100029）
承　印　者：鹤山雅图仕印刷有限公司

开　　本：880mm×1230mm 1/16　　印　　张：6　　字　　数：69 千字
版　　次：2018 年 9 月第 1 版　　印　　次：2018 年 11 月第 2 次印刷
京权图字：01-2016-7232　　广告经营许可证：京朝工商广字第 8087 号
书　　号：ISBN 978-7-5086-8238-9
定　　价：38.00 元

目 录

实验指南

你需要的是耐心、幽默和毅力！
某些实验，你尽可以反复去做，或是和家人、朋友分享。

非常容易
实验做起来很快，或几乎不需要什么材料，或容易理解。

简单
实验需要一定的专注力，你可以从中了解并领会完整的科学现象。

复杂
实验既耗时又费材，或描述了复杂但令人着迷的科学现象。

根据使用物品的不同，某些实验需要在一名成年人的协助下才能完成得更顺利和更安全。

这类实验会标有以下提示：

"这个实验需要在成年人的陪同下完成。"

第一章

地球，生机勃勃的星球

今天，几乎所有人都知道地球是太阳系的一颗行星，呈球形（略扁），具有两种不同的运动形式：地球会自转，而且速度惊人（在赤道处约为每小时1 674千米）；地球同时也围绕太阳公转，平均速度约为每秒30千米。但是，这些速度令人眩晕的运动〔还有其他一些更为复杂的运动，比如二分点（即春分和秋分）、地球进动（天文学名词，指地球的自转轴围绕地球的公转轴旋转的运动）等〕其实我们无法直接察觉到，我们会觉得地球是静止的，移动的是太阳、月球和星星。

通过对这些运动的观察，我们的祖先一开始把地球描绘成平的，认为地球是宇宙的中心，并想象出不同的场景来解释天体的运动。于是，在我们祖先的想象中，天体都是附着在围绕地球旋转的透明球体（称之为天球）上，这些天球带动了天体的运动。慢慢地，在不同地点和不同时期获得的更为精确的观察结果，让人们形成了对地球不同的想象和认知。

地球并非一直都是我们所知道的这个样子；地球大约在45亿年前形成，并且一直在不断地演化和转变。地球上发生着很多物理化学、生物学的现象和相互作用（火山喷发、地震、生物地球化学循环……），这些现象和相互作用塑造出了我们今天在地球上看到的各种景观和地形起伏，并构成了地球的特点，尤其是那些促成生命的出现、延续并使其多姿多彩的特点。

在本章中，我们将通过有趣的实验去发现地球的不同特点，并了解到这些特点是如何被发现的。

01 地球，一个足球还是一个橄榄球？

地球会自转。这种运动是否改变了它的形状？

1.需要什么？

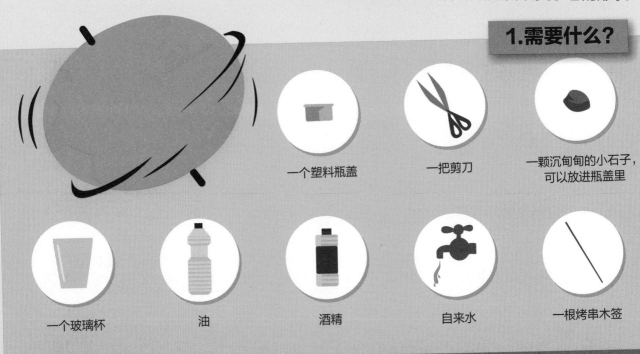

一个塑料瓶盖

一把剪刀

一颗沉甸甸的小石子，可以放进瓶盖里

一个玻璃杯

油

酒精

自来水

一根烤串木签

2.做什么？

这个实验需要在成年人的陪同下完成。

1
把小石子放进瓶盖，然后往瓶盖里倒满油。

2
把瓶盖放在玻璃杯的底部，请成年人在瓶盖周围倒入一厘米高的燃料酒精。

3
沿着杯壁缓缓地将自来水注入杯中。油从瓶盖里跑了出来，形成一个油泡。（如果水和酒精的混合液体变成了浅白色，那么就等待几分钟，直到液体重新变得透明，再继续实验。）

4
当油泡漂浮到杯子中央时，把木签浸入杯中，触到油泡，并缓缓地推着油泡转动，但不要把它戳破。（如果油泡位于杯子的上部，就沿着杯壁缓缓加入酒精。）

油泡变成了什么形状

3.什么原理？

油泡变大变扁了。当油泡转动时，油泡上的油在离心力的牵引下会向外围移动。汽车在转弯时也会发生同样的现象：被牵引向外围。油泡转得越快，上面的油就越被牵引着向外围移动。而靠近油泡中心的油会比边缘的油转得慢，因为其在同一时间内经过的环形路程更短，因此，油泡边缘的油比中心的散开得更厉害。于是油泡就变扁了。

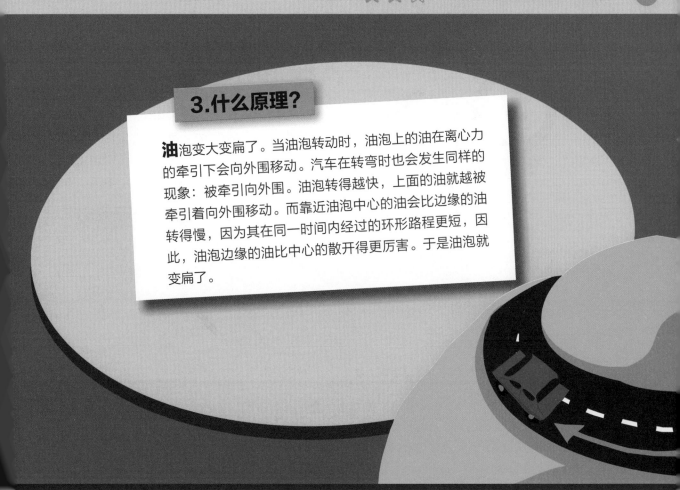

4.有什么用？

一个位于地球赤道上的点，以每小时1 700千米的速度旋转，而一个靠近南极或北极的点，仅以每小时几米的速度旋转，也就是说，第一个点的转速比第二个点的转速要快得多。因此，赤道位置的离心力比两极位置的离心力要大得多。地球在形成固态地壳之前，呈液体状态，因此地球的两极略扁，赤道则微微隆起。在形成了坚固的大地后，地球就保留了这种略微有点儿扁的形状。

02 地球是个煮鸡蛋

我们星球的内部是什么样子的？

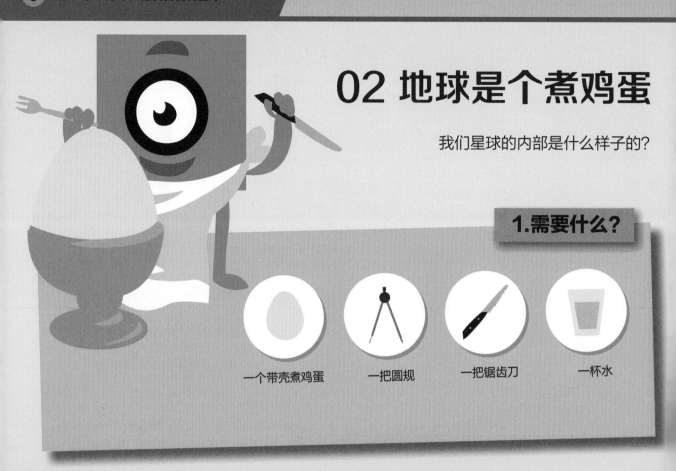

1.需要什么？

一个带壳煮鸡蛋

一把圆规

一把锯齿刀

一杯水

2.做什么？

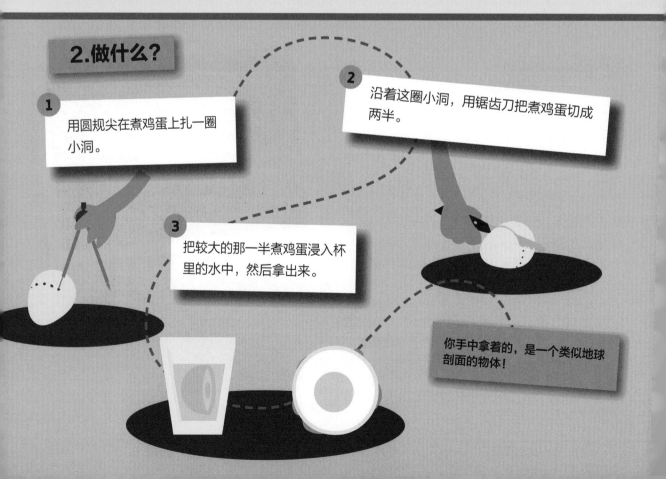

1 用圆规尖在煮鸡蛋上扎一圈小洞。

2 沿着这圈小洞，用锯齿刀把煮鸡蛋切成两半。

3 把较大的那一半煮鸡蛋浸入杯里的水中，然后拿出来。

你手中拿着的，是一个类似地球剖面的物体！

3.什么原理？

煮鸡蛋的四周有空气，就像地球的大气层。把蛋壳沾湿的水，就像地球表面的海洋，海洋的深度大多数情况下不超过10千米（马里亚纳海沟除外）。

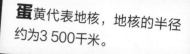

蛋黄代表地核，地核的半径约为3 500千米。

坚硬的蛋壳就像地壳，不是很厚（根据地点的不同，地壳的厚度也有所不同，大陆地壳和大洋地壳的平均厚度分别为35千米和7千米）。蛋白代表我们所说的地幔，厚度约为2 900千米。

4.有什么用？

地球比鸡蛋要圆，但地核的形状跟蛋黄的形状差不多。地核是由固体内核和包裹于其外的液体外核构成的。地幔岩石因岩石（或许还有地核）中放射性元素的衰变而受热，始终都处在一种缓慢的运动之中。

地壳，是地球的外壳。地幔岩石朝地表上升，冷却并凝固，就形成了地壳。

03 头朝下

为什么地球另一端的居民，不会掉进太空里呢？

1.需要什么？

两个海绵球

五枚彩色图钉

缝纫线

2.做什么？

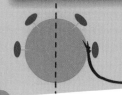

1 用一枚图钉把缝纫线的一端固定在一个海绵球上。然后把三枚图钉钉在海绵球上：一个钉在第一枚图钉的对面，两个钉在同侧的一条线上——一个钉在缝纫线和中轴线中间，另一个钉在对面图钉和中轴线中间。

2 把最后一枚图钉钉在第二个海绵球上。拿着缝纫线拎起第一个海绵球，然后拿起第二个海绵球围绕第一个海绵球做倾斜旋转。想象你站在旋转海绵球的图钉上。你看到了什么？

3 解开缝纫线，把它系在对面的那枚图钉上，然后改变第二个海绵球的旋转轨迹。

在拎起的海绵球上，最上面的那枚图钉是否始终都是同一个？

哪枚图钉在上，哪枚图钉在下？

无论身在何处，我们总会认为，上面就是需要抬头仰望的地方。在地球上也是一样，我们会觉得北在上，南在下。但是，当我们在一个球体（海绵球或地球）上漫步时，我们的脚始终朝向球体中心，头始终朝向外围。

当我们在地球的北半球时，我们对于北方是头朝上，对于南方是头朝下。但是，当我们在地球的南半球时，我们就对于南方是头朝上，对于北方是头朝下。所以，在宇宙中，既没有上，也没有下。

3.什么原理？

4.有什么用？

当我们放开一个物体时，它会朝下坠落。当我们跳起来的时候，也会朝下坠落。从地球仪上来看，地球是北在上，南在下。这就是为什么我们会认为南半球的居民头朝下。而事实并非如此。

在宇宙中，既没有上，也没有下，如果第一位对地球做出描述的伟大地理学家、埃及的希腊人克劳狄乌斯·托勒密（Claude Ptolémée）在1 900年前是居住在南半球的话，那么，今天的地球就应该是北在下。而无论住在哪里，我们都会朝着地球下坠，因为我们受到了地球的吸引。这种吸引力叫作**重力**。

04 摆球的移动

为什么会有白天和黑夜？

有很长一段时间，我们都以为这是由于太阳绕着地球转的缘故。

如何证明这其实是由于地球绕着太阳转的缘故呢？

1.需要什么？

一辆小汽车

一支大毛笔

橡皮泥

一根30厘米长的缝纫线

2.做什么？

1 按照图中所示，把摆固定好（所谓的摆就是坠在缝纫线一端的橡皮泥球）。

3 推动小汽车做圆周运动，时不时停下小汽车，观察摆的运动。

2 把小汽车放在一个光滑的表面上，拉起毛笔上的摆，然后放手。

你真的觉得摆在跟着小汽车一起转动吗？

3.什么原理?

摆始终在**沿着相同的轨迹来回**摆动!

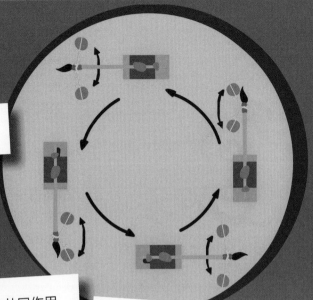

小汽车通过你的推动和与地面摩擦的共同作用做圆周运动。而橡皮泥摆球呢,仅仅受到空气摩擦的影响。因此,即便缝纫线拽着橡皮泥摆球跟着汽车一起移动,但它始终都在沿着同样的轨迹来回摆动。

即便摆发生了移动,但它的摆动方向依然跟你推动小汽车之前一样。如果摆的摆动有一点移位,那也是因为橡皮泥球不够重:它受到了跟随小汽车移动的缝纫线的拖拽。

4.有什么用?

1851年,法国物理学家莱昂·傅科(Léon Foucault)用一根60米长的钢索悬挂起一个重30千克的摆球。摆球动起来后,它的摆动足足持续了一天多的时间。傅科在摆球的下端加了一个针状物,这个针状物在地面的沙子上画出了摆球的运动轨迹。在摆动的过程中,针状物画出的轨迹出现了移位。但是,傅科之前就知道摆球会保持同样的摆动方向,如果摆球的轨迹出现移位,那只可能是因为悬挂摆球的建筑物在转动。由于建筑物是固定在地面上的,也就是固定在地球上,就可以得出以下结论:地球会自转,并带动建筑物跟随自己一起旋转。

05 地球的速度

地球围绕太阳旋转一圈，需要一年的时间。

在你看来，这个速度是不是跟蜗牛一样慢呢？

1.需要什么？

一块橡皮

一根一米长的细绳

一块手表
（计算秒数用）

2.做什么？

1 把橡皮拴在细绳的一端，然后甩动细绳，让橡皮在你的头顶做规律的圆周运动。

2 记录橡皮旋转10圈需要的时间。

橡皮的旋转速度是多少？

3.什么原理?

用测得的时间除以10,就得到了橡皮旋转1圈的时间。在这段时间内,橡皮走完了一圈,我们可以大致计算出这个圆的周长(C):C = 2 x π x 半径(绳长1米)≈ 2 x 3.14 x 1 ≈ 6.3米(π取3.14)。

橡皮的旋转速度(v)等于周长(C = 6.3米)除以旋转1圈的秒数。例如,如果橡皮旋转1圈需要3秒钟,那么它的速度就是6.3 ÷ 3 = 2.1米/秒。

把除得的结果乘以3 600(1小时的秒数),然后再除以1 000(1千米的米数),就可以得到每小时的千米数(时速)了。

在我们的例子中:v = 2.1 x 3 600 ÷ 1 000 = 7.56千米/时。

4.有什么用?

地球沿着几近圆形的轨道围绕太阳旋转,就像橡皮围绕你的手旋转一样。地球与太阳之间的距离约为15 000万千米,相当于地球用一年时间走完的这个圆形轨道的半径(1年=365天;365 x 24 = 8 760小时)。所以,地球的速度(v)就约等于:2 x 3.14 x 150 000 000 ÷ 8 760 ≈ 107 534千米/时。简直快如闪电!

而月球呢,不仅受到这一闪电速度的牵引,它本身也以惊人的速度——3 683千米/时——围绕地球旋转。

06 地幔：硬的还是软的？

地球上的物质，要么是硬的，要么是软的。
这些物质可不可能既是硬的，也是软的呢？

1.需要什么？

玉米淀粉　　　一把咖啡勺　　　一个碗　　　自来水　　　一个盘子

2.做什么？

1 在碗里倒一点玉米淀粉。然后一边慢慢地往碗里加水，一边用咖啡勺搅拌。

3 用湿淀粉迅速地揉一个球，把球放在盘子里。然后立即在球上捶一拳。

面团发生了什么变化？

2 当你感觉淀粉刚刚可以揉成团的时候，就停止加水。

4 接着，观察球变成了什么样子。

面团是否依然保持硬块状？

3.什么原理？

你的那一拳把球捶成了碎块，就好像球是硬的一样。但是，随后这些碎块却变成一摊摊淀粉泥，就好像液体一样！实际上，潮湿的淀粉颗粒会相互粘连在一起，但粘连度并不足以保持球的形状，因此，面团就会在盘子里摊开来。如果我们快速对球施加一种力（捶一拳），面团就会来不及摊开，因为淀粉颗粒需要一定的时间才能相互滑脱，于是球就碎成了小块。

4.有什么用？

20世纪初的德国气象学家阿尔弗雷德·魏格纳（Alfred Wegener）认为，大陆就像一些在地球深处岩石上漂浮并移动的木筏。当时，没有人相信魏格纳的这种说法，但现已证明，实际情况确实如此：从30千米的深度开始，岩石的特性就像我们实验中的那些玉米淀粉一样。如果我们能够碰触到这些岩石，会觉得它们是坚硬和静止不动的。

但是，这些岩石在移动：它们会上升、下降或旋转。之所以我们无法直接感觉到这些岩石的移动，是因为它们需要上千年甚至上百万年的时间，才能移动区区几米的距离。

07 地图上的秘密

通常情况下，我们查看地图，是为了找到某个地点。
但地图是否还有其他的用处呢？

1.做什么？

仔细看看这幅大西洋洋底和
周围大陆的地图。你不觉得
某些轮廓具有相似之处，而
且我们可以把几块大陆拉近
并拼在一起吗？

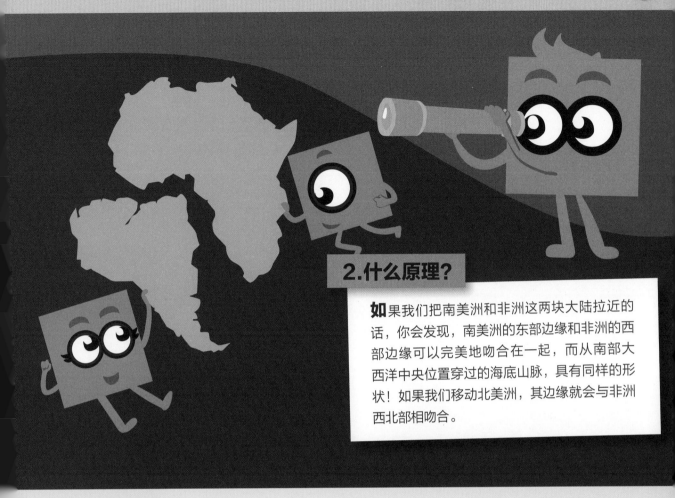

2.什么原理?

如果我们把南美洲和非洲这两块大陆拉近的话，你会发现，南美洲的东部边缘和非洲的西部边缘可以完美地吻合在一起，而从南部大西洋中央位置穿过的海底山脉，具有同样的形状！如果我们移动北美洲，其边缘就会与非洲西北部相吻合。

3.有什么用?

到了17世纪，地图的绘制变得更加精确，观察者们发现，非洲大陆的边缘和南美洲大陆的边缘可以吻合在一起。于是，科学家们提出了两种假说来解释这种现象。

第一种假说认为，大西洋在很久以前曾经被一块沉没的大陆所覆盖。因此，非洲大陆边缘和美洲大陆边缘的吻合就应该只是一种巧合。第二种假说（正确的假说）认为，各个大陆在最初曾是一个板块，随后，这个板块分成了几部分，于是形成了各个大陆今天的样子。

08 面粉做的旋转木马？

在地球的中心，一系列物理和化学反应产生出巨大的热量。

这么多的热量是如何上升到地球表面的呢？

1.需要什么？

一个圆形的玻璃沙拉盆，装半盆水

一个小蜡烛

三个高度一样的玻璃盅

面粉

一把咖啡勺

2.做什么？

这个实验需要在成年人的陪同下完成。

你看到了什么变化？

1 在桌子上把三个玻璃盅摆成三角形，然后把装着水的沙拉盆坐在玻璃盅上面。用咖啡勺的勺把把少许面粉撒在水面上。

2 等水静止下来后，请成年人点燃蜡烛，然后把蜡烛推到沙拉盆底下正中间的位置。观察水面几分钟。

3.什么原理？

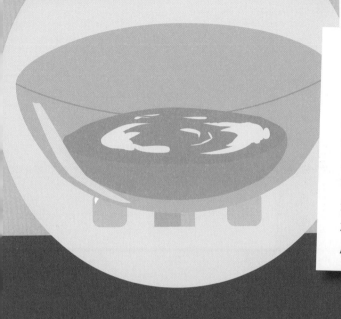

渐渐地，你会借助面粉颗粒看到水面上的旋转运动，在沙拉盆的中心与边缘之间，方向各不相同。

蜡烛透过沙拉盆的盆底对水进行加热。中央的热水会朝水面升起，因为它的密度比周围冷水的密度小（更"轻"）。上升的热水在水面上散开，水面是冷的，于是这股热水就朝着沙拉盆边缘的方向开辟出一条通道。在碰到边缘之后，这股热水无法再朝着原本的方向继续移动，就只能顺着盆的边缘移动，并冷却下来。最终，这股水碰到了另一股同样冷却下来的热水流，两股水流一起朝着盘子的中央移动，然后再次出发向外围移动。

4.有什么用？

如果我们能够接触到构成地核的岩石，它们的触感会是坚硬的。但这些岩石会发生移动，就像一股黏稠度很高的液体，平均每年能移动几米。通过这种移动，地核反应产生的热量朝着地表上升，一直上升到地壳的下面。冷却下来的岩石重新沉入地下，然后再次受热，于是再次上升，就像实验中水面上的面粉颗粒那样。大部分地理学家都认为，正是这些被称为对流的运动，造成了地壳板块的漂移。

09 指尖上的山脉

我们将在下文中介绍如何用简单的方式模拟出地球表面大陆漂移造成的影响。

地球上超过一半的火山都在海底。

这些火山的喷发方式跟陆地上的火山不一样，因为有重量很大的水压在喷出的熔岩上，并令熔岩冷却。

以这种方式倾泻而出的熔岩，会流入以前的熔岩流中，使得大西洋这样的大洋洋底，每年增厚……几厘米！

1.需要什么？

你的双手

2.做什么？

这个实验通过图中所示的手部动作来完成。

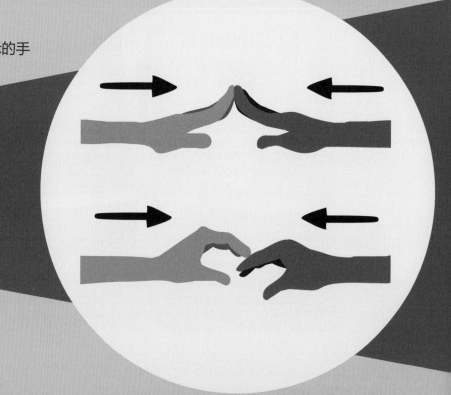

3.什么原理?

海洋在扩张的过程中推动了大陆。这些大陆最终相互碰撞在一起。通过相互推挤,大陆的边缘就会升起,就像两只手在水平相遇时的相互推挤一样。新的山脉就此形成。通过这方式形成(并继续升高)的最令人叹为观止的山脉,是喜马拉雅山脉。喜马拉雅山脉是在印度板块向北移动与亚洲板块发生碰撞时形成的。阿尔卑斯山脉则是在非洲板块对欧洲板块的推动作用下形成的。而其他山脉,比如安第斯山脉,是海底擦着大陆滑入大陆下方时形成的,就像一只手的手指滑到另一只手的手指下方那样。

4.有什么用?

研究地球历史的地理学家,也会借助模型尝试去理解在地壳中被切割开的板块的移动。所以,最早提出海底扩张说的研究者在介绍这种理论时,就把这种现象比作一条不停循环的传送带。

10 温和的火山，暴躁的火山

火山的喷发各有不同。
为什么会不同呢？

1.需要什么？

三个带塑料盖的
玻璃杯

玉米淀粉

小苏打
（超市有售）

醋

一把圆规

一把咖啡勺

2.做什么？

这个实验需要在户外完成。

1 在三个玻璃杯中分别倒入半杯醋。在其中一个玻璃杯中加入一咖啡勺的玉米淀粉。

3 在每个玻璃杯的杯盖中装满小苏打，然后盖上玻璃杯，让小苏打掉进杯子里。此时人要站远一点。

2 在加入玉米淀粉的玻璃杯的杯盖上扎十个洞，在另一个玻璃杯的杯盖上也扎十个洞。

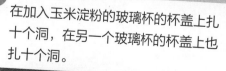

细心观察，看三个杯子是否会发生同样的变化呢？

3.什么原理？

几个气泡从加入玉米淀粉的玻璃杯里跑了出来，接着，要么杯盖蹦了起来，要么杯盖的一边翘了起来。随后一股黏稠的液体从杯子里流淌出来。

没有洞的杯盖被喷出的液体和气体弹了起来，随后液体从杯子里流淌出来。而从第三个杯盖上的洞里则喷出了白色喷泉。

混合在一起的醋和小苏打发生反应，产生气体。而杯子里的空间过于狭小，于是这股气体就带着液体喷射了出来。

玉米淀粉增加了杯中醋的黏稠度和重量，让醋无法从玻璃杯里喷溅而出，所以醋和玉米淀粉的混合液体是从杯子里流淌出来的。

4.有什么用？

火山喷发，是由地表下炽热岩石的上升引起的。在接近地表时，这些岩石在某处变成了液体。岩石中的气体会携带着岩石液体一起喷出，就形成了熔岩喷泉，如果极为黏稠的熔岩堵住了火山口，则会形成熔岩流。如果火山没有可以碎裂、让熔岩流出的脆弱地带，火山就会爆发。

11 一块磁铁

地球，是一块硕大无比的磁铁。
造成地球磁化的原因是什么呢？

1.需要什么？

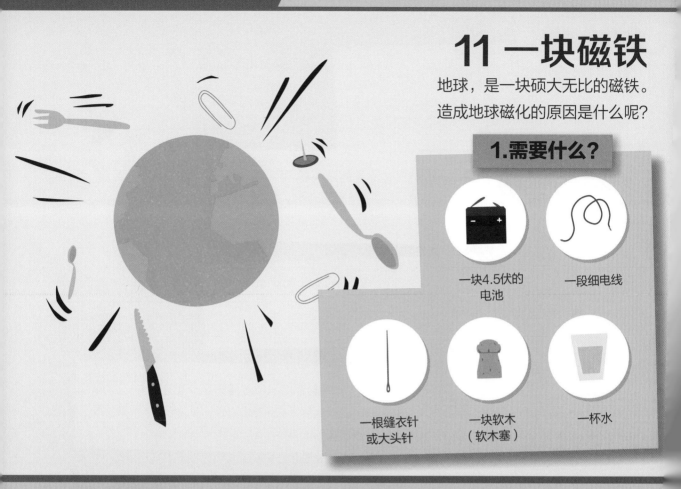

一块4.5伏的
电池

一段细电线

一根缝衣针
或大头针

一块软木
（软木塞）

一杯水

2.做什么？

1 把针穿在软木塞上，然后把软木塞
放在杯子里的水面上。

2 把电线的一端接在电池的一个接线
柱上，朝着玻璃杯，把电线靠向大
头针。

3 把电线的另一端接在电池的另一个
接线柱上，朝着玻璃杯，再次把电
线靠向大头针。

发生了什么？

3.什么原理?

如果电线只有一端接在电池的接线柱上,那么在它靠近大头针时,大头针就不会有反应。相反,如果电线的两端都接在电池的接线柱上,水面上的大头针就会朝着电线的方向移动。

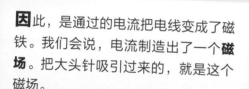

因此,是通过的电流把电线变成了磁铁。我们会说,电流制造出了一个**磁场**。把大头针吸引过来的,就是这个磁场。

4.有什么用?

地理学家们认为,地球的磁场(磁场让地球变成了一块磁铁,因此我们可以借助指南针辨别方向)是由地核造成的。地核由固体内核和液体外核构成。在含有大量铁和镍的液体外核中,铁镍流体形成了一股电流,这股电流就是地球磁场的来源。

第二章

地球，有生命的行星

地球上生命的存在，是我们这个星球最显著的特征之一，目前在地球以外的地方，没有出现过（探测到）任何生命的迹象。

可是，生命从何而来？生命是在何时出现的？生命又是如何运转的？

这些问题令人类困惑不已，也促使人类开始观察生命，并对一切生命形式提出各种各样的疑问，以求能够更好地描述和了解它们。

地球保留了诸多的痕迹和线索，让我们得以了解它的历史和形成，从而了解生命的历史、我们自己的历史，以及人类的演化。这段历史表明，地球上生命的兴起、发展、延续和多样化，不大可能是在38亿年前一夜之间形成的，而且生命进程伴随着极大的复杂性。

现有物种的多样性（已经命名定种的物种大约有180万，估计总数约为1 500万到1亿），这些物种各不相同的生活方式，物种之间和物种与环境之间的相互影响，都可以为证。

地球是我们的家园，也是居住在这里的千百万个物种的家园。这些生物体促成了地球的演变和一刻不停的转化，而地球则为它们提供了生存、繁衍和演化至今的条件。

在本章中，我们就将探索地球和生命的这种关系，并了解几类生命体之间和生命体与环境的相互影响。

01 生命的年龄

生命的出现（单细胞生物）可以追溯到约38亿年前；

你的出生仅仅可以追溯到十几年前。

如何在一张纸上把这一切展现出来呢？

一支铅笔　　一块橡皮　　一张纸

1.需要什么?

2.做什么?

按照图中所示，把尺度表A和尺度表B复制出来（以百万年和年为单位）。将下列事件发生的时间（段）放入尺度表中：

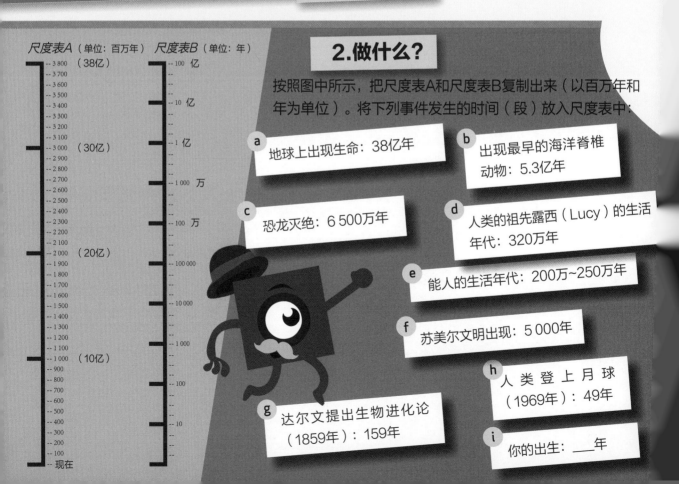

a 地球上出现生命：38亿年

b 出现最早的海洋脊椎动物：5.3亿年

c 恐龙灭绝：6 500万年

d 人类的祖先露西（Lucy）的生活年代：320万年

e 能人的生活年代：200万~250万年

f 苏美尔文明出现：5 000年

h 人类登上月球（1969年）：49年

g 达尔文提出生物进化论（1859年）：159年

i 你的出生：___年

尺度表A（单位：百万年）

- 3 800（38亿）
- 3 700
- 3 600
- 3 500
- 3 400
- 3 300
- 3 200
- 3 100
- 3 000（30亿）
- 2 900
- 2 800
- 2 700
- 2 600
- 2 500
- 2 400
- 2 300
- 2 200
- 2 100
- 2 000（20亿）
- 1 900
- 1 800
- 1 700
- 1 600
- 1 500
- 1 400
- 1 300
- 1 200
- 1 100
- 1 000（10亿）
- 900
- 800
- 700
- 600
- 500
- 400
- 300
- 200
- 100
- 现在

尺度表B（单位：年）

- 100 亿
- 10 亿
- 1 亿
- 1 000 万
- 100 万
- 100 000
- 10 000
- 1 000
- 100
- 10

3.什么原理？

在尺度表A中，我们只能放进前三个时间，再没有地方能标注其他跟现在较为接近的时间了。不过，我们可以把其他时间标注在尺度表B中。在尺度表A中，两个小横杠之间的间隔（除了第一个）代表1 000百万（即10亿）年。自恐龙灭绝之后的生命历史，全部都集中在最后一个间隔中！

尺度表A可以让我们看到，相较于生命的出现，人类的存在时间非常之短。如果我们用24个小时来描述地球的整个历史，那么生命就出现在1点20分，细菌出现在5点45分，植物出现在21点，恐龙出现在22点50分，而最早的现代人类（智人）则出现在……23点59分30秒！在尺度表B中，每个间隔所代表的年代跨度，是上一个间隔的年代跨度的十分之一，是下一个间隔的年代跨度的10倍。从上一个跨度到下一个跨度，意味着数量级的改变。这种类型的尺度表，叫作**对数尺度表**。

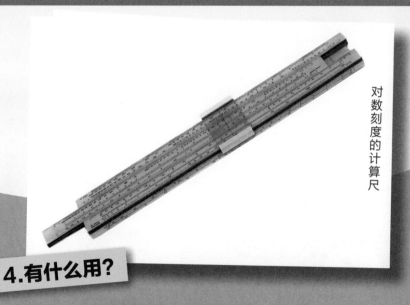

对数刻度的计算尺

4.有什么用？

对数尺度被用来描述涵盖若干个数量级的现象，比如音符的频率，以赫兹（Hz）为单位。音量，也可以通过对数尺度来测量，以分贝（dB）为单位。音量增大10分贝，相当于声功率增强了10倍；音量增大20分贝＝10×10，也就是声功率增强了100倍；音量增大30分贝，意味着声功率增强了1 000倍，等等。

02 时间的阶梯

我们古老的地球大约已经有45亿年的历史了，那么，生命出现时的地球有多少岁呢？

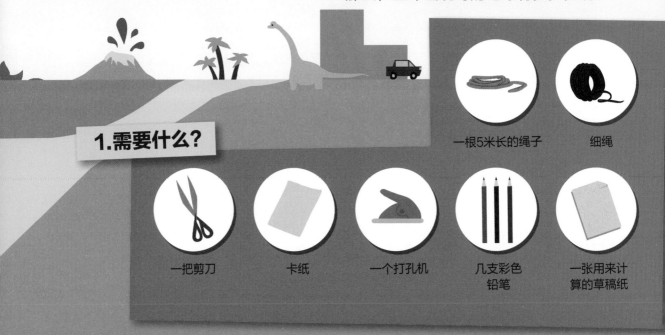

1.需要什么?

一根5米长的绳子　　细绳

一把剪刀　　卡纸　　一个打孔机　　几支彩色铅笔　　一张用来计算的草稿纸

2.做什么?

1
把右页图中所示的标签复制在卡纸上，然后剪下来。在每张标签上画一个图案，代表生命演化的不同阶段。

2
在每张标签的顶部扎一个洞，然后在上面拴一小截细绳。

3
现在，你得做做算术了，以便把这些标签按照一定的顺序挂在绳子上。在绳子一端（以这端为绳头）把代表地球诞生的标签固定上去，那是45亿年前。在绳子上，1厘米代表1000万年，所以，你可以把代表"今天"的标签固定在距离绳头450厘米的地方。

现在请你来固定其他阶段的标签。

- 地球的形成：45亿年前

- 最早的恐龙：2.4亿年前

- 生命的出现，最早的细胞：38亿年前

- 最早的鸟类（由恐龙进化而来）：1.5亿年前

- 甲壳动物的出现：5亿~7亿年前

- 最早的哺乳动物：1.25亿年前

- 最早的鱼类：5亿年前

- 恐龙的灭绝：6 500万年前

- 植物占领了坚实的地球：4.25亿年前

- 直立人：150万年前

- 两栖动物离水登陆：3.5亿年前

- 今天

3.什么原理?

最古老的细胞化石留下的痕迹告诉我们，地球上的生命出现在距今38亿年前。最早的生命形式是微生物。接着，越来越复杂的有机体陆续出现。出现于绳尾处的人类，其占据的长度跟整条绳子的长度相比，显得微不足道！从恐龙的灭绝到人类的出现，整整过去了近6 400万年。所以，恐龙和人类从不曾同时存在过，除了在电影里！

03 化石钟

化石，在地质学中发挥了重要作用：通过它们，可以知道一块岩石的年龄。

那么，地质学家是如何利用这些化石的呢？

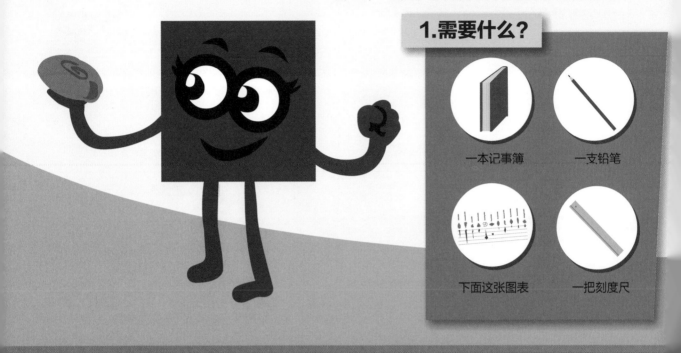

1.需要什么？

一本记事簿　　　　一支铅笔

下面这张图表　　　一把刻度尺

下面这张图表显示了不同种类化石的时间分布。化石种类的名称标注在图表的上方，化石的年代标注在图表的左侧。例如，内卷虫类有孔虫集中在距今4.1亿至1.4亿年的岩石里。

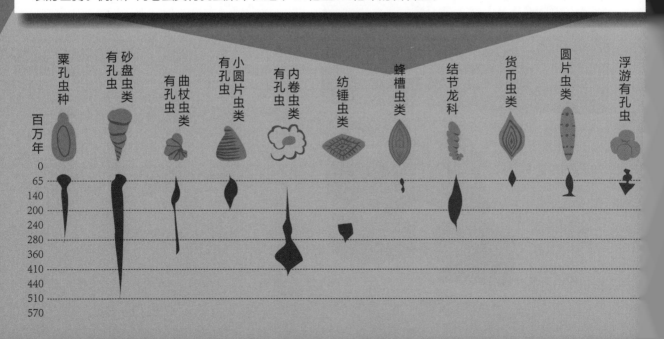

粟孔虫种　砂盘虫类有孔虫　曲杖虫类有孔虫　小圆片虫类有孔虫　内卷虫类有孔虫　纺锤虫类　蜂槽虫类　结节龙科　货币虫类　圆片虫类　浮游有孔虫

百万年
0
65
140
200
240
280
360
410
440
510
570

2.做什么？

假设你是一名地质学家。在刚刚采集到的岩石里，你发现了化石。这些化石属于以下几个种属：砂盘虫类有孔虫、曲杖虫类有孔虫、内卷虫类有孔虫、纺锤虫类、粟孔虫科。

你能找到这几类化石对应的年代吗？

3.什么原理？

通过交叉对比图表中不同种属生物的生存年代，我们发现了一个所有种属共同存在过的时间段。包含所有五个种属生物的岩石年代位于2.7亿年至2.4亿年之间。

4.有什么用？

很多岩石里都有化石，其中一些是微生物化石。从岩石中采集到的化石，可以让我们知道岩石的年龄。实际上，一些生物（动物或植物）只在一个我们能够明确的较短时期内存在过。因此，这些生物的化石可以让我们确定所在岩石的年龄。通过交叉对比大量化石的存在时期，我们可以得到一个明确的时间列表。这是地质学家用来确定一块岩石年龄最常用的方法。应用这种方法的学科叫作**生物地层学**。

04 离开水面

最早居住在地球陆地上的动物来自水生世界。

除了需要在空气中而非水中呼吸之外，这些动物还将面临怎样的新情况呢？

1.需要什么？

| 两块一模一样的橡皮 | 一个装满水的罐子 | 细绳 | 一根烤串木签 |

2.做什么？

1 用细绳把两块橡皮分别挂在烤串木签的两端。

2 在木签的中间系一根细绳，抓住细绳拎起木签，调整橡皮的悬挂位置，让木签保持平衡。

3 把木签其中一端的橡皮浸入罐子里的水中。

你观察到了什么？

3.什么原理？

在空气中，木签处于平衡状态，因为两个橡皮是一模一样的。浸入水中之后，水里的橡皮似乎变轻了，因为它受到了水向上的推力。

水把物体向上推的力，叫作浮力，是由阿基米德首先发现的。这种力也存在于空气中，但空气比水的浮力要小得多。这就是为什么在游泳池里可以相对容易地把一个人托起来，而出水以后就要困难得多。

4.有什么用？

陆生脊椎动物的祖先，是一些拥有强壮鱼鳍的鱼类，比如腔棘鱼。强壮的鱼鳍可以在陆地上支撑起它们的身体。因此，腔棘鱼是陆生脊椎动物的近亲。今天，这些身材庞大的鱼生活在马达加斯加附近的海域里。

鱼石螈，已知最古老的陆生脊椎动物，生活在36 500万年前。鱼石螈是一种身长约1米的两栖动物（就像青蛙或蟾蜍），拥有形状完整的四肢，每只脚有7个脚趾，还有一条鱼尾巴。就像它的名字一样，鱼石螈是一种生活在干燥的陆地上、但常常会返回水中的两栖动物（成体可以同时在水中和陆上生存）。

05 谁吃什么?

所有的生物，都会把生命中的一部分时间用来寻找食物。

它们的食物是由什么构成的呢?

1.做什么?

以下是几种动物的菜单:

蜥蜴的菜单: 苍蝇、蚂蚱、瓢虫、毛毛虫……

蚂蚁的菜单: 水果、蚜虫蜜、死掉的昆虫……

蜗牛的菜单: 白菜叶、莴苣叶、菠菜叶……

人类的菜单: 柚子、牛排、水果、酸奶……

在每个菜单中找出来自植物和动物的食物。

2.什么原理?

为了生存，动物必须吃东西。但它们不是什么都吃的！有些动物喜欢吃草或树叶，它们是植食动物（蜗牛、奶牛……）。

另一些动物则喜欢吃肉，它们是肉食动物（蜥蜴、狮子……）。

既吃草也吃肉的动物，是杂食动物（蚂蚁、人类……）。

3.有什么用?

很多动物的食谱，在一年中都会有所变化。实际上，动物进食的数量会随着季节变化，它们通过改变食谱来适应这些变化。其他一些动物，则用别的方法来解决这个问题：一些动物会储藏过冬的粮食，比如松鼠；另一些动物则会通过呼呼大睡来减少进食量（冬眠），比如土拨鼠，以及某些种类的蛇。还有某些会迁徙的鸟类，它们会在日常食物减少或消失的时候迁徙到别的地方。

06 谁吃谁？

所有的生物都要吃东西。
但它们都会反过来被吃掉吗？

1.做什么？

观察这幅图画。找出谁吃谁，或是
谁吃什么。

2.什么原理?

在这幅图画中:田鼠吃桑葚,但它可能被猫吃掉;蚯蚓吃落叶的残余物,而乌鸦则非常喜欢吃蚯蚓;蓝蝇可能成为乌鸦的猎物,但它的幼虫靠吃动物的尸体为生,比如猫、田鼠或乌鸦的尸体;最后,荆棘通过根,从动物无法消化的残留物中吸取营养。这其中一些吃与被吃的关系形成了我们所说的食物链。

3.有什么用?

食物链,描绘出食物从植物(食物链的第一环)到肉食动物的旅行路线。如果没有植物,植食动物就没有东西可吃,由此肉食动物和杂食动物也会没有东西可吃。所以,某个地方的所有动物,都要仰赖植物才有东西可吃。而反过来,所有的动物都会被吃掉或者分解掉!

07 丰饶的苗圃，贫瘠的苗圃

我们如何能意识到某个地方的植被是丰饶的呢？

1.需要什么？

三或四卷两米长的细绳

一张纸

一支铅笔

二十来块石头或几个十厘米高的木桩

2.做什么？

这个实验需要三至四人完成。

1

在散步的时候随意选择一个地方：森林、草原、草地、田野、岩石、人行道……用细绳和木桩或石块，框出几个边长为50厘米的正方形苗圃。

2

每框出一个苗圃，就数一数里面有多少种植物。

3.什么原理？

肯定有一些苗圃比另一些苗圃更丰饶！

但是，我们在长有野草的人行道上找到的植物种类，可能比在田野里或是修剪过的草坪上找到的还要多。

这是因为，我们在栽种某些植物（粮食作物、草皮）的时候，会想尽办法除掉其他的植物。

4.有什么用？

岩石或人行道上没有泥土，很少有植物能够安家落户。一块草坪或一片田野，在被除掉了我们所说的"杂草"之后，会减少很多在此生存的植物。一块供奶牛吃草的牧场，植物种类会比一块供绵羊吃草的牧场要多，因为绵羊几乎什么草都吃！

08 土壤里的居民怕黑吗？

我们如何才能观察到住在土壤里的动物呢？

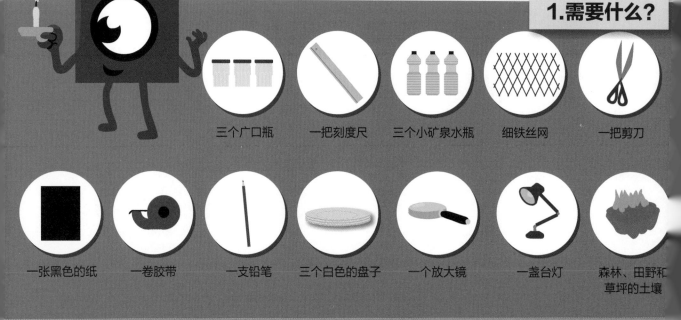

1.需要什么？

三个广口瓶　　一把刻度尺　　三个小矿泉水瓶　　细铁丝网　　一把剪刀

一张黑色的纸　　一卷胶带　　一支铅笔　　三个白色的盘子　　一个放大镜　　一盏台灯　　森林、田野和草坪的土壤

2.做什么？

这个实验需要三至四人完成。

1
用三个广口瓶收集森林、田野和草坪的土壤各一瓶，收集土壤的时候要挖到20厘米的深度。

2
把三个小矿泉水瓶的上部剪下来。用细铁丝网封住瓶口，然后将其倒过来，把瓶口部分插进剪断的瓶身中。

3
在每个矿泉水瓶瓶身外侧缠绕一条宽10厘米的黑色纸带。在每个倒过来的瓶口中装进一种不同的土壤。

4
用台灯照射土壤。等待两个小时，然后把瓶口拿下来，把掉落在瓶底的东西放在白色的盘子上。

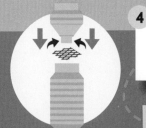

用放大镜观察：你是否看到有东西在动？

3.什么原理？

有东西在蠕动!

土壤不同，小虫的数量有多有少……土壤里由枯枝落叶形成的腐殖质越多，土壤就越肥沃，里面靠吃腐殖质为生的居民就越多，而它们反过来也会变成食物，要么被动物吃掉，要么遗体被植物吸收掉。较之地面上的光线，这些居民更喜欢土壤里的黑暗。**所以，它们会躲避光线，投奔黑暗！**

4.有什么用？

并不是所有土壤里的居民都对光线如此敏感。它们中的一些会在白天钻进土里，在夜幕降临时又会钻出来。一些则喜欢太阳的温暖，但会躲在阴凉的地方。还有一些，比如蚯蚓和白蚁，则见光就逃，有时候甚至会钻进很深的地下，因为它们害怕干旱。

09 什么样的土最轻？

植物的根生长在土壤中。那么土壤是怎么来的呢？

1.需要什么？

三个又高又细的玻璃杯　　一把汤勺　　自来水　　土

2.做什么？

1
在树下或灌木丛下收集两汤勺的土，然后把土放进一个玻璃杯里。

2
在夯实的土路上收集两汤勺的土，然后把土放进另一个玻璃杯里。

3
最后，在草坪上收集两汤勺的土，然后把土放进第三个玻璃杯里。

4
在三个玻璃杯里分别注入三分之二的水。观察几分钟，看看发生了什么。

你注意到对三个玻璃杯的观察结果有什么不同吗？

3.什么原理？

在装有灌木丛土的玻璃杯中，大量的土漂浮了起来；在装有草坪土的玻璃杯中，只有少量的土漂浮了起来；而在装有土路土的玻璃杯里，几乎没有土漂浮起来。在每个玻璃杯的杯底，都剩有微小的土粒和小石子。浮起来的那部分土，我们称之为**腐殖质**，它是由动植物的遗体及其分解物构成的。沉到杯底的是矿物质，来自石块、岩石，或是像泥土那样的"花盆土"。最重的土，是含有矿物质的土，也就是沉到杯底的物质。

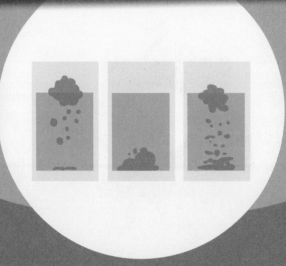

4.有什么用？

微型动物和菌类，会从腐殖质中吸收养分。但菌类还会分解矿物质。随后，这些食物的废料会被植物再次利用，当作养分吸收掉。在碾压土壤的过程中，农用车辆摧毁了腐殖质层。为了替代被摧毁的腐殖质层，种植庄稼、花卉和蔬菜的农户，就不得不用肥料来给植物提供养分，而这些肥料中往往含有化学物质，而且会造成污染。

10 不知不觉的旅行者

历经几代繁衍的史前人类，有时候会成群结队地行进到遥远的地方。

但是，他们中的大部分人都不是伟大的旅行者。

这是怎么回事儿呢？

1.需要什么？

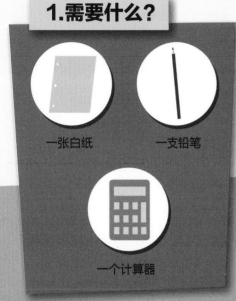

一张白纸　　　　一支铅笔

一个计算器

2.做什么？

1

我们知道，史前人类族群的生活领地，范围约为方圆50千米。此外，我们假设当时女性的生育年龄相对较早，这样，我们就可以估算出100年中会经历5代人（5 x 20 = 100年）。

如果从第一代到第二代，孩子们在父母生活领地（方圆50千米）的旁边定居下来，那么在1 000年中，人类族群的生活领地会在方圆多少千米的范围内呢？

3.什么原理?

答案是2 500千米。

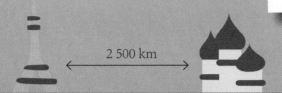

2 500 km

相当于从莫斯科到巴黎的距离!

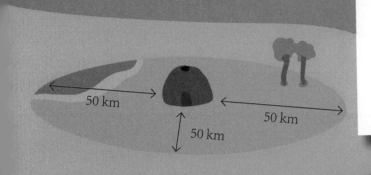

50 km

50 km

50 km

一个1 000年前生活在黑海海边的人类族群,他们的后代很可能会生活在大西洋的沿岸,而且从来不会觉得自己经过了长途跋涉。确实,生活在距离出生地50千米的地方,并不能证明你是一个伟大的旅行者!

4.有什么用?

与史前时期相比,1 000年是很短暂的,因为史前时期往往以10万或100万年来计算。当然了,这只是推导出来的结论。史前时期很有可能出现过伟大的旅行者,但由于可供史前史学家们用来描述史前人类生活的资料少之又少,这些史学家只能通过构建模型(借助诸如化石和史前人类遗迹等线索,以及通过研究依然在类似环境中生活的人类族群的生活方式)来进行推测,但都只是假设而已。

第三章

地球与四季

四季，陪伴着我们的日常生活，也陪伴着其他某个地区和地域的人的生活和活动；有播种的季节，有收获的季节，有上学的季节，也有放假的季节！

可是为什么会有四季呢？为什么两极的气候比赤道的气候更加寒冷呢？自地球形成以来，气候是否从来都没有改变过呢？如果地球的气候变暖，会发生什么呢？

你瞧，这只是气候学家们曾经提出过，而今依然没有找到答案的众多问题中的几个而已。这些科学家研究过去的气候，并尝试了解今天的气候，以便能够更好地预测未来的气候。如果人类能够对气候学家的发现善加利用，那么这些发现就具有重大意义，因为它们可以对灾难做出预测，从而让人类免受其害。

一直到15世纪，欧洲人对气候的认知都仅限于欧洲，尤其是地中海盆地。直到长距离的海上旅行令人类的足迹到达非洲、南美洲，并穿越了大西洋，新的气候区才被发现；这些旅行的观察结果让人们意识到，在离开赤道朝着北方或南方行进的过程中，气候会越变越冷，而且在朝北和朝南的旅途中，气候也会发生变化。这些观察结果进一步肯定了地球是个球状物的假设，就像古希腊学者埃拉托色尼（Ératosthène，约公元前276年—约公元前194年）所说的那样。

本章中的实验，可以让你更好地了解气候。

图片权利声明：

p.53 : (haut) : © Volodymyr Goinyk/Shutterstock ; (bas) : © Footgae.pro/Shutterstock ; p.55 : (haut) : © Triff/Shutterstock ; (bas) : © BlueOrange Studio/Shutterstock ;
p.57 : (haut) : © wrangler/Shutterstock ; (bas) : © Alexander Tihonov/Shutterstock ; p.59 : (haut) : © sowar online/Shutterstock ; (bas) : © Anatolii Vassilev/Shutterstock ;
p.61 : © FotoYakov/Shutterstock ; p.63 : (gauche) : © Johan Swanepoel/Shutterstock ; (droite) : Valeri Potapova ; p.65 : © Vitoriano Junior/Shutterstock ; p.67 :
© Kekyalyaynen/Shutterstock ; p.69 : (gauche) : © Nepster/Shutterstock ; (droite) : © Nepster/Shutterstock

01 太阳造就了气候

是否所有的物质都以同样的方式获取太阳光带来的热量呢？

1.需要什么？

一张白纸

一张黑纸

一张锡箔纸

一张涂成黑色的锡箔纸

两本一样厚的书

两块木板或长度为一米的硬纸板

2.做什么？

这个实验需要在天气晴朗的户外完成。

1 把一块木板放在地面上，把四张纸并排放在木板上。把两本书分别放在木板的两端，然后把第二块木板放在书的上面，遮住纸的一半。

2 十分钟之后，用手指分别触摸四张纸暴露在阳光下的部分，然后再用手指触摸四张纸遮挡在阴影中的部分。

哪个部分最热？哪个部分最凉？

3.什么原理?

我们看到的太阳光是白色的。受到太阳光照射的物体，或多或少都会吸收太阳光。被白纸和锡箔纸吸收掉的太阳光很少，大部分都被反射了（这就是为什么我们无法在太阳光下长时间地注视白纸和锡箔纸）。相反，两张黑色的纸（以及不透光的深色表面）吸收了大部分的太阳光，只反射了很少的太阳光。在触摸经过太阳光照射的纸面时，你会感到吸收阳光较多的纸面比反射太阳光较多的纸面热。当太阳光碰到可以吸收它的物体时，被吸收的太阳光就转化成了热量。

你是否注意到了，黑色纸被阴影遮挡住的部分没有涂成黑色的锡箔纸被阴影遮挡住的部分热？这是因为，锡是一种金属，而金属的导热性比纸的导热性好。

4.有什么用?

一种物质反射的太阳光越多，它吸收的来自太阳光的能量就越少。地球的两极地区就是这种情况。两极地区覆盖着厚厚的积雪，积雪是一种对太阳光反射率极高的物质，因此，它吸收的能量非常之少。这就造成了两极地区常年寒冷的气候。太阳光带来的热量，是造成地球上所有气候现象的推手。

02 展开的光线

在地球上，从赤道到两极的一路上，天气会渐渐变冷。
这种天气变冷是什么原因造成的呢？

1.需要什么？

一个手电筒

一张厚的硬纸板

一把尖剪刀

一个网球或一个
小球

一卷胶带

一个大玻璃杯

几本书

一支记号笔

一把刻度尺

2.做什么？

1
在硬纸板的中央扎一个直径为5毫米的洞，用胶带把硬纸板粘在手电筒的正面。然后把小球放在玻璃杯上。

3
在小球上描出手电筒光斑的轮廓。

4
把手电筒微微向后倾斜，让光束照在小球的顶部，然后描出电筒光斑的轮廓。

2
把手电筒放在距离杯子30厘米的位置上，并将手电筒放在书上，与小球同高。然后打开手电筒，关掉房间里的灯。

两个光斑的大小一样吗？

3.什么原理?

当光束照在小球的一极上时,光斑比光束照在小球正面时更长,也更椭圆。

光线沿直线移动,只有在碰到某个物体、某个屏障时才会停住。从实验中可见,在手电筒的正前方,如果它射出的光线遇到的是一个平整的屏障,那么照在上面的光斑就是圆形的。

起到决定性作用的,是接收到光线的屏障,而光线始终都是一样的。同样,地球的两极接收到的光线跟"中间"(赤道)接收到的光线是一样的,但光线展开的面积更大,因此,位于两极的一点被照亮的程度更低,所以就比接近赤道的一点接受的热量少。

4.有什么用?

太阳光沿直线到达地球。地球是球状的(一个球),而如果地球是扁平的,那么阳光的照射就会分布在一个更大的面积上。地球的两极,是对太阳而言倾斜角度最大的区域,一束阳光在抵达两极时照射和加热的面积,较之阳光抵达赤道和回归线之间的区域时要更大。你瞧,这就是为什么接近赤道的地区会比两极更热。

03 有趣的盖子

我们经常会听人谈论温室效应引发的全球变暖。
那么，什么是温室效应呢？

1.需要什么？

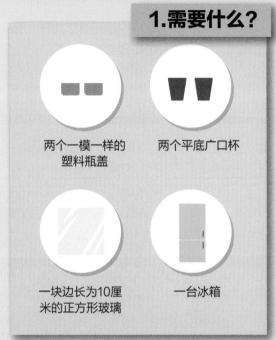

两个一模一样的
塑料瓶盖

两个平底广口杯

一块边长为10厘
米的正方形玻璃

一台冰箱

2.做什么？

1
用瓶盖在冰箱的制冰盒或冷冻室
里制作两个大小一样的冰块。

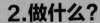

2
在每个杯子里放一个冰块。把正方
形玻璃盖在第一个杯子上。

3
把两个杯子放在阳光下，计算每个
杯子里冰块融化的时间。

哪个杯子里的冰块先融化？

3.什么原理？

盖着玻璃的杯子里的冰块最先融化！

冰块需要热量才能融化，而在实验中，这些热量来自太阳。两个杯子里冰块融化的速度不一样，是因为它们接收到的热量不同。

所有的物体，都以一种人类看不见的辐射散发着热量，我们把这种热辐射叫作红外线辐射。当一个物体因太阳光而受热时，一部分太阳光会转变为热量，并被物体以红外线的方式反射回去。但是，红外线无法穿透玻璃，于是就又被玻璃反射回杯子的内部，这样就增加了实验中冰块接收到的热量。我们把这种现象称为"温室效应"。

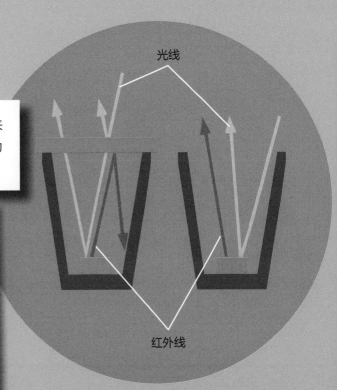

光线

红外线

4.有什么用？

在大气层中，二氧化碳和其他气体就相当于实验中的玻璃，它们把热辐射反射回地面（吸收热量），并阻止热辐射离开大气层，从而令大气层的温度升高。所以，我们把这些气体称为"温室气体"。自从人类开始在工厂和汽车里燃烧煤炭、石油或天然气，大气中就出现了越来越多的温室气体，这些气体正在不断污染和加热着大气。因此，我们必须减少排放这些令地球变得越来越热的气体。

04 炎热的夜晚

白天和黑夜的存在，是否对地球的气候
具有重大的影响？

1.需要什么？

一块石头

一捧深色的土

一根带叶子
的枝条

一张白色的纸

一张黑色的纸

一个托盘

2.做什么？

这个实验需要在艳阳高
照的天气下完成。

2
触摸每一件实验材料，感觉它们的热度，
然后把托盘拿到一个阴暗的房间里。

3
每隔五分钟触摸实验材料
一次。

1
把所有的实验材料放在阳光下暴晒
两个小时。

你注意到有什么不同了吗？

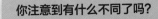

3.什么原理?

石头、土、白纸和黑纸，在经过阳光的暴晒之后都很热。拿到阴暗的房间之后，它们开始一个接一个地慢慢变凉：白纸凉得最快，然后是叶片、黑纸、枝条、土，最后是石头。

在吸收太阳光的过程中，这些物体的温度会升高。白纸的温度较低，因为它反射了一部分光线，而黑纸则吸收了所有的光线，因此温度升高得很快。在阴暗环境中，物体的热量向周围的空气中散发，让周围的空气变热，同时自己因热量减少而冷却下来。

4.有什么用?

在夜晚，所有因阳光而受热的物体都会失去热量。这个现象使得空气变热，但总的来说它不会让生物和土地干涸，但如果持续暴露在阳光下，生物和土地就会干涸。在沙漠和有积雪覆盖的广袤大地上，夜晚比白天凉爽，是因为沙子和积雪反射了大量的太阳光，因此它们储存的热量就很少，所以在夜晚几乎不会向空气中释放热量。

05 是什么形成了四季?

一颗围绕地球旋转的人造卫星,它飞经南极时接收到的太阳光,和飞经赤道和北极时接收到的太阳光是一样多的。那么,为什么地球上的两极会比赤道冷呢?

1.需要什么?

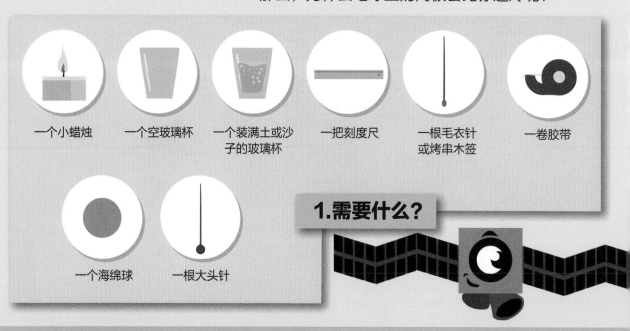

一个小蜡烛　　一个空玻璃杯　　一个装满土或沙子的玻璃杯　　一把刻度尺　　一根毛衣针或烤串木签　　一卷胶带

一个海绵球　　一根大头针

2.做什么?

这个实验需要在成年人的陪同下完成。

1
把玻璃杯倒过来,把小蜡烛放在杯底。

2
把装满土的杯子放在距离空杯子30厘米的位置上。用毛衣针穿透海绵球,然后插在装满土的杯子里,上端朝蜡烛倾斜。滑动海绵球,使之与蜡烛同高。接着请成年人点燃蜡烛。

3
如图,把大头针扎在海绵球的中央。接着,分朝着海绵球的北极和南极移动大头针,观察大针的阴影。

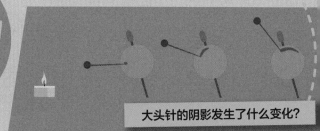

大头针的阴影发生了什么变化?

3.什么原理?

大头针越靠近海绵球的北极或南极，它的阴影就越长，这是因为光线的入射角变大了，阴影也就变长了。实际上，无论海绵球上有没有大头针，蜡烛光照到球上时的入射角变化规律都是相同的，只不过借助于大头针的阴影，我们能更方便、更直观地观察到这一规律。

4.有什么用?

我们在不同季节感受到的温度变化，有地球的球体外形的原因。两极接收到太阳光时，太阳的热量分散在了较地球其他区域更大的面积上，因此温度就更低。地球始终以同样的倾斜角度围绕太阳旋转（1年）。从12月到3月，地球的方位令北极无法看到太阳，此时北半球是冬季，南半球是夏季。从6月到9月，情况则正好相反，因为地球始终朝着太阳倾斜。但在赤道位置，太阳光的照射角度在一年中基本不变，太阳光不是从南而来就是从北而来。这就是为什么地球的赤道地区在一年四季中总是接收到同样的热量。

06 太阳是个小气鬼

冬天比夏天冷。但是在北半球，冬天是地球
在围绕太阳旋转的轨道上距离太阳最近的时候。
那么，为什么这个季节的天气不会更热呢？

1.需要什么？

一个小蜡烛　　　　一把刻度尺

2.做什么？

这个实验需要在成年人的陪同下完成。

1 请成年人点燃蜡烛。

2 借助刻度尺，把你的手指放在距离蜡烛15厘米的位置上（小心不要烫到）。

3 然后把你的手指放在距离蜡烛14厘米的位置上。

你是否感觉到了热量的变化？

3.什么原理？

无论手指是在距离火苗15厘米的位置上，还是在距离火苗14厘米的位置上，我们都感觉不到热量的变化。而且，我们只能感觉到很少的热量。

火苗会对照射到的对象进行加热。火苗朝着各个方向发射出光线，手指在接近火苗时，截住了一部分光线，于是接收到相应的热量。手指距离火苗越远，接收到的光线就越少，热量也越少。从一定的距离开始，如果手指继续远离火苗，它就会越来越难以感觉到热量的变化，因为它接收到的光线在不断减少。

4.有什么用？

在北半球的冬天，地球距离太阳较近，但它和太阳之间的距离依然很远：从1.52亿千米变成了1.47亿千米，因此，地球接收到的热量的变化微乎其微，就好像手指从距离蜡烛火苗15.2厘米的位置上移动到了距离蜡烛火苗14.7厘米的位置上。在这个数量级别上，决定温度变化的就不是地球和太阳之间的距离了，而是太阳光达到地球表面的倾斜角度。在不同的半球，这个倾斜角度在不同的季节是不同的。

07 最短的季节

地球围绕太阳旋转的轨道，并不是一个完美的圆环。

这是否会对地球上季节的长短产生影响呢？

1.需要什么？

一把圆规

一把刻度尺

一块边长为20厘米的厚硬纸板

一卷60厘米长的细绳

一把剪刀

一支记号笔

一块橡皮

2.做什么？

1
画出正方形硬纸板的对角线。

2
在距离正方形中心（对角线的交叉点）1厘米的位置上，用圆规画一个半径为8厘米的圆。

3
把这个圆剪下来，把细绳缠绕在圆的边缘，用记号笔标出细绳和对角线的每一个交叉点。

4
这样，细绳就被隔成了四段，测量每段细绳的长度。

每段细绳的长度一样吗？

3.什么原理?

我们会发现,最长的一段是13厘米,最短的一段是12厘米,另外两段一样长,约为12.5厘米。最长的那一段,距离对角线的交叉点最远,最短的那一段,距离交叉点最近。

如果在硬纸板上画的圆以对角线的交叉点为圆心,那么四段细绳的长度就是一样的。而因为圆点发生了偏移,所以对角线在圆上分隔出的一些圆弧就比另一些圆弧短,而较短的圆弧对应的细绳也就较短。

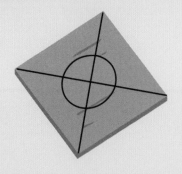

4.有什么用?

地球围绕太阳旋转的轨迹近似于一个圆,但是,太阳并没有位于这个圆的中心位置,而地球在冬季比在夏季距离太阳更近(近大约500万千米)。因此,在赤道和北极的中间区域,冬季只有89天,秋季和春季各有91天,而夏季则有94天。但形成四季的,并不是地球和太阳之间距离的变化。

08 太阳的路线会变化

为什么在北半球，冬季的
白天比夏季的白天要短？

1.需要什么？

一个水桶

一根比水桶提手略
长一些的软铁丝

一颗带孔的
大珠子

2.做什么？

1
用铁丝把珠子穿起来。把水桶的提手竖
起来。然后把铁丝弯成拱形，架在水桶
上，就像水桶提手下面的第二个手柄，
两个手柄呈垂直交叉状。

2
慢慢地将铁丝拱朝水桶的边缘倾斜。

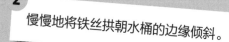

铁丝拱在垂直状态时超出水桶部分的长度，是否与倾斜状态时超出的长
度相同？

3.什么原理?

铁丝拱朝着水桶边缘倾斜得越厉害,铁丝两端插入水桶的深度就越深。实际上,在铁丝拱呈垂直状态时,它形成的半圆几乎与水桶提手形成的半圆一样大。

在铁丝拱呈平躺状态时,它形成的半圆与水桶边缘形成的半圆大小一样。由于水桶边缘形成的半圆比提手形成的半圆小,铁丝拱超出水桶部分的长度就变小了。

4.有什么用?

在一年之中,地球相对太阳的位置会发生变化。从6月到9月,地球的北极能照到太阳;从12月到3月,能照到太阳的变成了地球的南极。因此,某个半球的居民在冬季到夏季的这段时间里就可以看到,太阳的路线,也就是太阳在天空中移动的轨迹越来越靠近地平线。这种移动就好像实验中珠子的移动,此时珠子代表太阳,而观察者位于水桶的中央。因此,人们意识到,太阳距离地平线越近,它的路线就越短,从而缩短了白天的长度。太阳光照射的时间短了,地球接收到的热量也就少了,于是这个半球的温度就降低了。

09 会伸缩的白天

为什么在一年之中，白天的长度会变长或缩短呢？

1.需要什么？

一根毛衣针或烤串木签

一个海绵球或网球

一个手电筒

三根大头针

2.做什么？

1
用毛衣针穿过球的中央，假定毛衣针穿出的位置为两极（北极和南极）。按照图中所示，把三根大头针插在球上（毛衣针始终直立在放着手电筒的桌面上）。

2
打开手电筒，关掉房间里的灯。把毛衣针放在距离手电筒50厘米的位置上，在毛衣针上上下调整球的位置，让两极被照亮。然后让球进行自转。观察两极和大头针是否依然被照亮？

3
让毛衣针朝着手电筒的方向略微倾斜，然后让球自转一圈。

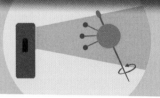

4
朝着远离手电筒的方向，再次倾斜毛衣针，然后让球自转一圈。两极和大头针是否依然以同样的方式被照亮？

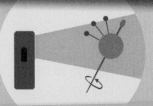

你在步骤2中是否观察到了相同的结果？

3.什么原理？

手电筒的光线勾勒出一片较亮的区域。当毛衣针呈竖直状态时，这片区域覆盖了半个球，两极和三个大头针被照亮。当毛衣针朝着手电筒倾斜时，光线照亮的区域发生了变化：北极和上方的大头针被照亮，而南极和下方的大头针被照亮的程度较弱，而且在球自转时被照射的时间也更短。当毛衣针朝着相反的方向倾斜时，光线照亮了南极和下方的大头针，北极接收到很少的光线，在球自转时，上方的大头针很快陷入阴影之中。而无论毛衣针朝哪个方向倾斜，中间（赤道位置）的大头针接收到的光线都一样多。

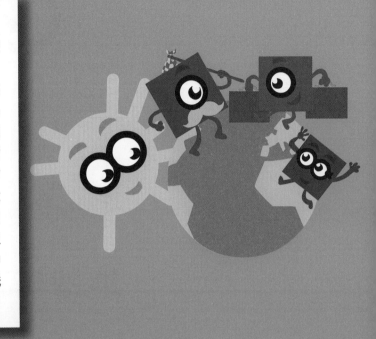

4.有什么用？

地球围绕太阳旋转。我们根据地球围绕太阳旋转一圈的时间，把一年分成12个月。季节的变换，也是由地球围绕太阳旋转决定的。实际上，地球的中轴线相较于太阳是倾斜的，由于这根中轴线的指向是不变的，所以两极就在公转过程中被轮流照亮。

冬天

夏天

因此，在北极能照到太阳的时候，北半球进入夏季，接受太阳照射的时间比南半球更长，气温也更高。接着，南极能照到太阳，南半球进入夏季，白天变长。

第四章

地球与人类

本章讲述了人类占据和改造地球的方式，以及人类对地球的某些认知。

所有有生命的有机体，都参与了周围环境的改变和演化：从环境中获取所需的资源，通过各种活动将废物排放到环境中，以及通过改造，令环境变得适于居住、生活、移动……所有这些生物及其与生活环境之间的相互影响，在地球上生命出现的最初阶段，都参与到了地球的演化和转变之中。

人类也不例外，而且比起其他生物有过之而无不及！从出现的那一天开始，人类就超越了其他所有的物种，一刻不停地改造地球的景观，开发地球的资源，并创造出新的生活方式……

一些人居住在沙漠里，另一些人则开垦林地，在原本无法居住的环境中安家落户，还有一些人，则依然生活在受到地震或洪灾威胁的地域。确实，人类深谙适应环境之道，只要有必要，就连最极端的环境也能每攻必克。

今天，在城市和郊区，为了占据更多的空间，人类设计并建造了各种建筑、越来越高的大厦，甚至还有人工岛屿……

这些整治和改造，并非没有任何影响：现在，我们意识到，不惜一切代价地以任何方式在任何地方安家落户，都可能对环境、对人类的生活质量和健康，造成严重的危害。

在本章中，我们将了解到一些人类生活方式与行为的起源和转变。

01 人类来自何方？

人类几乎走遍了整个地球。
他们是否在所经之处安家落户了呢？

1.做什么？

观察这张地图。人类居住在地球上的哪些地方？

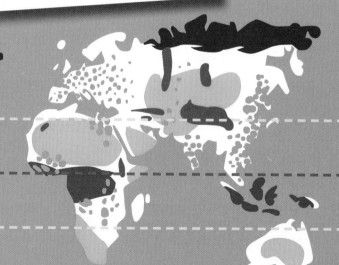

北回归线

赤道

南回归线

 高山气候　　■ 极地气候　　 人口密度　　■ 赤道气候　　 干旱气候，沙漠

2.什么原理？

人们都说地球这颗蓝色星球是一个宜居的星球。但是人类无法生活在海洋里，要知道，海洋可是占去了地球表面积的三分之二呢！人类主要生活在赤道周边和毗邻回归线的**温带地区**。

实际上，在地球的陆地中，有28%都是寒冷或炎热的荒漠，并不适合居住，因为那里的水和植被都很少。此外，赤道地区有很大一部分被人类难以进入的密林占据。除此之外，还有一小部分人居住在海拔2 500米以上的地区。

3.有什么用？

人们意识到，地球并不像想象中那样幅员辽阔，适合人类居住的地方其实很少。热带和温带地区集中了地球上大部分的人。然而，这并不能说明，地球上的其他地区对我们而言就是无足轻重的。

例如，保护海洋，就是保护生物多样性，保护食物的来源（鱼类）。热带雨林必须受到保护，因为它们能够调节地球的气候。

02 乡村还是城市？

城市中的聚居区与乡村中的聚居区，哪里的居民更多？

1.做什么？

前往市政府，或是在市政府的网站上查找关于人口的数据，以便了解市镇"聚居区人口"的数量（也就是居住在连成片的住宅里的人的数量，我们会说这些住宅组成了一个聚居区）。

你觉得，自己所在的市镇属于城市还是乡村？

2.什么原理？

在法国，如果一个市镇的聚居区人口超过2 000人，那么它就是一个**市**，属于城市。如果一个市镇的聚居区人口不足2 000人，那么它就是一个**镇**，属于乡村。

这个数字，是由法国国家统计与经济研究所（INSEE）确立的，这是一个搜集国际数据资料的机构。有时候，INSEE会把好几个市镇的区域合并在一起来计算这个数字。

实际上，如果好几个聚居区人口少于2 000人的镇合成了一个人口超过2 000人的整体聚居区，我们就说，这个市镇群具有城市的特点。

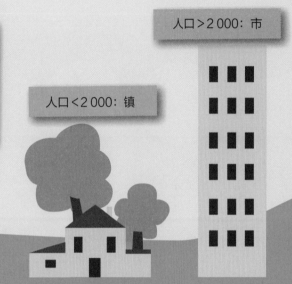

人口>2 000：市

人口<2 000：镇

3.有什么用？

如今，生活在乡下的人越来越少。人口从乡村向城市迁移的这种现象，叫作人口的城镇化。平均来说，在全球的居民中，超过一半的人（53%）生活在城市！在法国，87%的人口生活在城市。在剩下的13%中，有15%是"城郊接合部居民"（大城市外围的村镇居民）。

03 给人类腾点儿地方！

在地理书上，介绍一个国家的时候会说到**人口密度**。

如何计算人口密度？人口密度有什么用处？

1.需要什么？

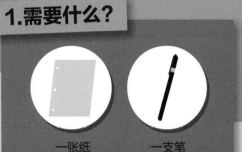

一张纸　　　　一支笔

2.做什么？

1 前往你所在城市或乡镇的政府，或政府的网站，查找你所在市镇的确切居民人口。然后，查找你所在市镇的地域面积。

2 用居民人口数除以市镇面积（单位是平方千米，1平方千米相当于一个边长1千米的正方形的面积）。你得到的结果，就是每平方千米居民的人数。

这个结果意味着什么？

3.什么原理？

这个结果显示的是，指定地域范围（这里指市镇）内，每个边长为1千米的正方形里居住的人口数。它代表了这片区域的人口密度。

在乡下，这个数字通常会很小。实际上，乡下的居住区，尤其是农场，通常彼此相隔遥远，因此在一片广袤的区域内，居民的数量相当少。

城市则相反。人们居住在聚居区内，也就是说，这些居住区是相互连接在一起的，在占地面积很小的住宅楼里，可能居住着成百上千的居民。

4.有什么用？

了解人口密度意义非凡。例如，人口密度可以让一个城市公共设施的建造者估计出某个街区对饮用水或娱乐活动的需求量，从而建造出能够满足这一需求的公共设施。我们还可以通过同样的计算方式，得出全国的人口密度。法国的人口密度是每平方千米117人。这是一个平均数值，通常情况下，这个数字往往会跟市镇的人口密度相去甚远。加拿大的平均人口密度是每平方千米4人，而中国澳门地区的则是21 784人。

04 抢占空间的建筑物

城市里为什么到处都是高楼大厦？

1.需要什么？

一幢建筑物　　一根米尺

2.做什么？

1

测量建筑物的占地面积（用长乘以宽，就可以计算出面积，以平方米为单位）。

2

然后数数这幢建筑有几层，用层数乘以你计算出的面积。

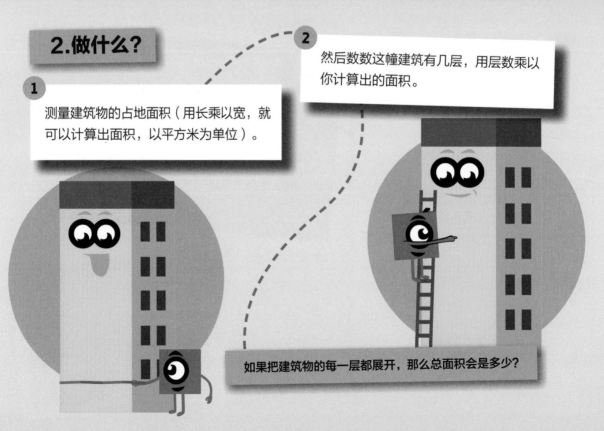

如果把建筑物的每一层都展开，那么总面积会是多少？

3.什么原理？

如果把叠在一起的楼层全部展开，想要容纳同等数量的居民，这些大城市就必须占据数百平方千米的面积（1平方千米等于100万平方米）。

将一幢三层的房子全部展开，需要占据的土地面积是原来的三倍；将一幢四层的房子展开，需要占据的土地面积是原来的四倍。以此类推。

4.有什么用？

高楼大厦，可以在有限的土地面积上容纳大量的居民。这种对空间的利用方式，在那些国土面积有限、人口众多的国家大有用处。但是我们会在心中暗自发问：住在这些高楼大厦里的居民，真的住得舒服吗？

05 防热御寒！

建造在沙漠地区的房屋，窗户都非常小。

为什么？

1.需要什么？

一个温度计

2.做什么？

1
在一个晴朗的夏日，在早晨打开房屋里一个房间的窗户，让窗户一直敞开到晚上。在日落前测量房间里的温度。

2
第二天，把这个房间的窗户和百叶窗都关上，一直关闭到晚上。在与前一天同样的时间测量房间里的温度。注意，你要选择户外温度一模一样的两天。

你注意到了什么？

3.什么原理？

第一天房间内的温度，比第二天房间内的温度要高得多。

实际上，窗户可以让室内和室外的热量进行交换。在天气炎热的时候，如果我们让空气在室内和室外进行流通，室外的热空气就会让室内的空气受热。把窗户和百叶窗关起来，室外的热空气就无法钻进室内，室内因此得以保持凉爽。

4.有什么用？

在气候炎热的地区，小小的窗户可以让房间保持空气流通，却不会变成热腾腾的炉子。同样，如果我们在冬天大敞着窗户，室外的冷空气很快就会让房间变冷。这就是为什么在气候寒冷的地区，房屋的窗户也很小。

06 大城市配大河流

大城市的选址是出于偶然吗？

1.做什么？

仔细观察下表，你是否注意到这几个城市的地理位置有什么共同之处？

巴黎	南特	波尔多	图卢兹	里昂
塞纳河上游	卢瓦尔河上游	加龙河上游	加龙河下游	罗讷河上游

2.什么原理？

表中的每一个城市，要么有一条大河流经，要么拥有一个大型港口。为了方便往来和商贸，大城市往往会建在一条大河的旁边。实际上，在陆路交通耗时长、风险大的年代，水路贸易异常繁荣，水路运输甚至是当时运送大量货物的唯一方法。河流可以让货物从生产地区一路抵达消费地区。比如，在那个年代，粉彩（织物染料）从法国的图卢兹（Toulouse）出发，经过加龙河（Garonne），再穿越大西洋，被运往世界各地。河流还能为沿河居民提供淡水和食物，以及用于农业灌溉。

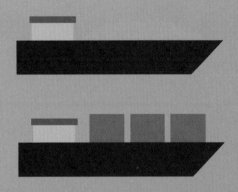

3.有什么用？

最早的人类文明就出现在两河流域，两河是指美索不达米亚（今伊拉克）的底格里斯河和幼发拉底河。有许多民族都借助对水运（尤其是海运）的掌控，建立起伟大强盛的文明：古希腊人、热那亚人（意大利）、维京人、葡萄牙人、英国人……

铁路运输，然后是公路运输，以及再后来的航空运输，导致了水路运输的衰落和海运地位的下降。不管怎么说，今天，世界上有一半以上的人口都居住在距离海岸不到100千米的区域。

07 我的国家是世界的中心吗？

在一个法国小学生看来，地图上的法国是世界的中心。
而一个澳大利亚小学生，会觉得澳大利亚是世界的中心。为什么？

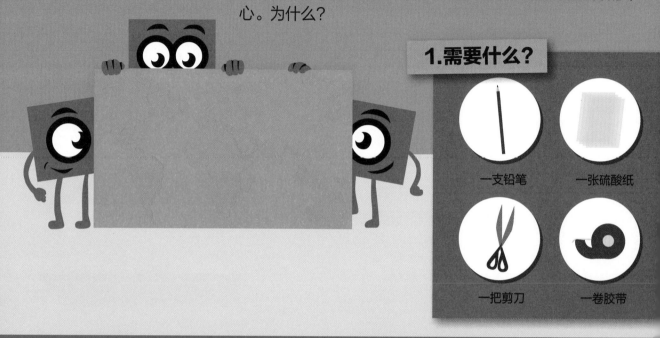

1.需要什么？

一支铅笔

一张硫酸纸

一把剪刀

一卷胶带

2.做什么？

1 描摹或复印两张世界地图。

3 从阿富汗的位置（沿图中虚线B）把第二张地图剪成两半。用胶带把美洲的左边和亚洲的右边粘在一起。

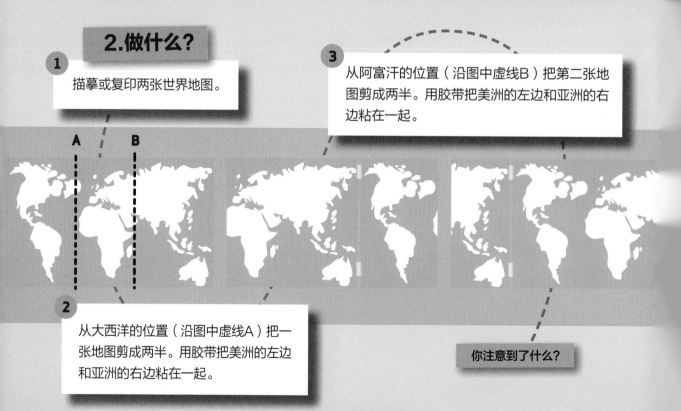

2 从大西洋的位置（沿图中虚线A）把一张地图剪成两半。用胶带把美洲的左边和亚洲的右边粘在一起。

你注意到了什么？

3.什么原理？

比较保持原样的那张世界地图和两张经过修改的世界地图，我们会觉得，眼前是三张不同的世界地图。实际上，这三张世界地图大同小异。简单来说，在保持原样的世界地图中，非洲和欧洲居中，在第二张世界地图中，亚洲和大洋洲居中，在第三张世界地图中，美洲居中。一张世界地图，不过是地球仪在一个平面上的投射，因此，我们可以任意决定起点的位置。

4.有什么用？

美国的小学生，借助美洲居中的世界地图学习地理；非洲的小学生，借助非洲居中的世界地图学习地理；而欧洲的小学生，则借助欧洲居中的世界地图学习地理。这些都是**惯例**，这可以让一国的居民更容易在世界地图上进行定位。但是，我们也会因此而错误地认为，自己的国家是世界的中心！在地图上通常北方在上，这很可能是因为北极星的缘故，因为北极星在北半球指向北方。我们对世界的解读与惯例紧密相连。不过，在古代中国，或是今天的澳大利亚，我们可以找到南方在上的地图。

08 大家都是亲戚

在街上碰到的陌生人中，有很多都是我们的远房表亲。
这怎么可能呢？

1.需要什么？

一张纸

一支铅笔

2.做什么？

1
用铅笔在纸上画一棵家庭树，在纸的上方从你自己开始。

2
继续画你的家庭树，即便你不知道自己先辈的名字。一代一代往前追溯，写下你知道的先辈的名字。

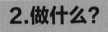

我
爸爸

我
妈妈
爸爸

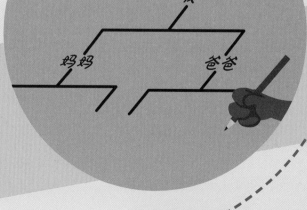

你注意到了什么？

3.什么原理?

先辈的人数增长得很快!在第一代,我们只有两个先辈:父母。每画一根横线,我们就往前追溯了一代,先辈的数量就增加一倍。追溯到10代时,你瞧,先辈的人数就增加到了1 024个。追溯到20代时,先辈的人数就有1 048 576个。

如果人们生孩子的平均年龄是25岁,这就意味着,我们往前数20代的先辈生活在500年前(20 x 25 =500)。如果继续往前追溯,一个人先辈的人数就会等同于世界上任意一个人的同代先辈的人数!

4.有什么用?

我们在街上偶遇的陌生人,他们的先辈人数跟我们的一样。他们的先辈不可能跟我们的先辈完全不同,因为如果是的话,也就意味着一千年前的世界人口比现在的多,而这恰恰是与事实相反的!因此,我们所有人都有一个或几个相同的曾曾……曾祖父母,这就让我们所有人都成了彼此的亲戚。

地球上的男人和女人都拥有共同的祖先:一个到数千个史前人类族群。无论是中国人、非洲人,还是欧洲人,大家都是亲戚。

09 新生国家

世界上各个国家之间的国界，
并非一直都是现在这个样子。

为什么呢？

1.需要什么？

一张1989年以前
的世界地图

一张最近的世界
地图

2.做什么？

仔细观察1989年以前的世界地图上以下几个国家的轮廓：

· 德意志联邦共和国（联邦德国）

· 德意志民主共和国（民主德国）

· 捷克斯洛伐克、南斯拉夫和苏联（苏维埃社会主义共和国联盟）

你在最近的世界地图上找到这些国家了吗？

3.什么原理?

在1989年之前,这几个国家国界线的划分始于第二次世界大战末(1945年)。

到了20世纪90年代初,苏联,当时世界上最强大的国家之一,失去了自己的影响力。于是,那些加盟共和国纷纷宣布独立。成立于1949年的联邦德国和民主德国,在1990年实现统一。

- **捷克斯洛伐克**分裂成两个国家:捷克共和国和斯洛伐克共和国。
- **南斯拉夫**宣布实行联邦制,由6个共和国组成。
- **苏联**则在解体后分成了15个共和国。

4.有什么用?

各国之间的国界线,是历史的产物。国界线的划定,有时要归功于抗争的国民,有时则要归因于外来的侵略者。国界线常常因为战争而发生改变,因战乱而四分五裂的国家并不少见。于是新的国家以及由此而诞生的新民族出现了。在另一些情况下则正好相反,一个国家壮大起来,随之而来的,是新国民在此后要求归还自己从前属地的要求……

墨西哥和美国之间的边境线

10 我们都是移民！

一个世纪以来，人类的迁移活动有增无减。今天的结果如何呢？

1.需要什么？

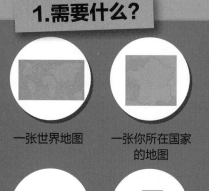

一张世界地图

一张你所在国家的地图

几个图钉

你所在班级的同学

2.做什么？

这个实验需要在老师的陪同下完成。

1

请班上的每一位同学去了解自己家庭的来源地：父母的来源地、祖父母或曾祖父母的来源地（你可以请他们尽可能往前追溯）。

3

用图钉在世界地图上标出你找到的所有国家，在所在国地图上标出你找到的所有地区。

2

请同学们把收集到的所有信息记录在纸上。

你找到了多少个不同的国家和地区？

3.什么原理？

在既定时间内居住在同一个地区的人，来源地不一定相同。从古至今，人类一直在不停地迁移。当世界上的某个地区出现问题（战争、饥荒、经济危机……）时，这个地区的人就会出现移民的倾向，以便能够过上更为体面安全的生活。这些移民往往会迁居到国内的另一个地区，或是某个邻国。这些移民的意愿有可能使得国家成立或解体。这种人口迁移活动一直都存在。

4.有什么用？

在很多国家，农村的生活条件每况愈下，很多农民都迁移到了城里。这种现象叫作人口的**城镇化**。在法国的马赛（Marseille），只需要往上数三代（祖父母辈），就可以发现，三分之二的人都来自国外。反过来，很多法国人也迁居到了其他国家。正是出于这个原因，你才会听说阿根廷的"潘帕斯阿维龙人"。这些人曾是法国南部省份阿维龙省（Aveyron）的居民，在上世纪末因失业大潮而迁居到阿根廷的潘帕斯地区。同样的情况也出现在加拿大的魁北克省，那里的大部分居民祖上都是法国人。